Roland Baum

Unterrichtsstunde Flächeninhalt: Indirekter Vergleich von Flächen bei zusammengesetzten Figuren

Prüfungsentwurf Mathematik Klasse 4

AF152625

Roland Baum

Unterrichtsstunde Flächeninhalt: Indirekter Vergleich von Flächen bei zusammengesetzten Figuren

Prüfungsentwurf Mathematik Klasse 4

GRIN Verlag

Bibliografische Information Der Deutschen Bibliothek: Die Deutsche
Bibliothek verzeichnet diese Publikation in der Deutschen Nationalbibliografie;
detaillierte bibliografische Daten sind im Internet über http://dnb.ddb.de/
abrufbar.

1. Auflage 2008
Copyright © 2008 GRIN Verlag
http://www.grin.com/
Druck und Bindung: Books on Demand GmbH, Norderstedt Germany
ISBN 978-3-640-37904-0

Roland Baum
Lehreranwärter
Studienseminar Buchholz

Unterrichtsentwurf für den Prüfungsunterricht I im Fach Mathematik gemäß § 14 (5) PVO-Lehr II

Datum: 03.03.2008
Zeit: 9.05 Uhr – 9.50 Uhr (2. Stunde)
Lerngruppe: 4a (13 Mädchen, 14 Jungen)
Prüfungsvorsitzender:
Klassenlehrerin:
Fachbetreuerin:
Schulleiterin:
Fachseminarleiterin:
Pädagogikseminarleiterin:

Einordnung in das Kerncurriculum:

Inhaltsbezogener Kompetenzbereich: Raum und Form
Erwartete Kompetenz:
„Die Schülerinnen und Schüler ermitteln und vergleichen Flächeninhalte durch Zerlegen und durch Auslegen mit Einheitsflächen."

Prozessbezogener Kompetenzbereich: Problemlösen
„Die Schülerinnen und Schüler beschreiben Lösungswege mit eigenen Worten und überprüfen die Plausibilität der Ergebnisse."

Thema der Unterrichtseinheit:
Flächeninhalt und Flächenumfang – Quantitative Erfassung von Eigenschaften ebener Figuren

Thema der Unterrichtsstunde: Indirekter Vergleich von Flächen bei zusammengesetzten Figuren

Stellung der Stunde in der Unterrichtseinheit:
1. Wiederholung geometrischer Grundbegriffe   (1)

2. Direkter Vergleich von Flächen   (1)

3. Indirekter Vergleich von Flächen durch Auslegen mit willkürlichen Maßeinheiten   (1)

4. Festlegung der klasseninternen Einheitsgröße 1 Q /

   Indirekter Vergleich von rechteckigen Flächen   (1)

5. Indirekter Vergleich von rechteckigen und L-förmigen Flächen   (1)

6. **Indirekter Vergleich von Flächen bei zusammengesetzten Figuren**   **(1)**

7. Flächeninvarianz: Erstellen von Flächen zu einem vorgegebenen Flächeninhalt   (1)

8. Bestimmung des Umfangs von Figuren   (1)

9. Mathekonferenz: Beziehungen zwischen Flächeninhalt und Umfang   (1)

10. Wiederholung und Übung   (1)

Themenbezogene Zielsetzung:

Stundenziel: Die Schülerinnen und Schüler bestimmen den Flächeninhalt von zusammengesetzten Figuren korrekt.

Teillernziele:

Die Schülerinnen und Schüler

TLZ 1: ...   vergleichen schätzend den Flächeninhalt zweier zusammengesetzter Figuren.

TLZ 2: ...   entwickeln altersangemessen eine Strategie zur Bestimmung des Flächeninhalts von zusammengesetzten Figuren.

TLZ 3: ...   zerlegen die Figuren zweckmäßig in Teilfiguren.

TLZ 4: ..   ergänzen die Teilfiguren sinnvoll zu rechtwinkligen Figuren.

TLZ 5: ...   bestimmen eigenständig den Flächeninhalt der zusammengesetzten Figuren in der klasseninternen Einheitsgröße 1Q.

TLZ 6 ...   bestimmen den Flächeninhalt von zusammengesetzten Figuren über eine subtraktive Strategie.

Differenzierung:

Qualitative Differenzierung

Einige Schülerinnen und Schüler

TLZ 4a: ... führen die Zerlegungen handelnd mit Papiermodellen und Schere aus.

    4b: ... führen die Zerlegungen zeichnerisch aus.

    4c: ... führen die Zerlegungen in der Vorstellung aus.

TLZ 5a: ... führen die Ergänzungen handelnd mit Papiermodellen aus.

    5b: ... führen die Ergänzungen zeichnerisch aus.

    5c: ... führen die Ergänzungen in der Vorstellung aus.

Die Aufgaben sind in drei Schwierigkeitsstufen differenziert. Sie unterscheiden sich hinsichtlich der Komplexität der Figur, hinsichtlich der Überschaubarkeit geeigneter Zerlegungen und Ergänzungen und hinsichtlich der Anzahl der notwendigen Zerlegungen.

1. Bemerkungen zur Lerngruppe und zur Unterrichtssituation

1.1 Eigenarten der Lerngruppe

Die Klasse 4a unterrichte ich seit Januar 2007 eigenverantwortlich im Fach Mathematik. Die Lerngruppe ist phasenweise sehr lebhaft, Gesprächsregeln werden oft nicht eingehalten und müssen weiter geübt werden. Gleichzeitig zeichnet sich die Klasse durch eine hohe Arbeitsmotivation aus; die Bereitschaft zur mündlichen Beteiligung ist bei vielen Schülerinnen und Schülern ausgesprochen hoch. Phasen der Stillarbeit werden in der Regel zum konzentrierten Arbeiten genutzt. Die häufig auftretende Unruhe in der Klasse wird durch zwei Rituale begrenzt: Schülerinnen und Schüler, die gegen Gesprächsregeln verstoßen, werden mit ihrem Namen und einem Blitz als Symbol an die Tafel geschrieben. Bei einer zweiten Störung wird ein zweiter Blitz angemalt und eine Zusatzaufgabe erteilt. Positives Verhalten der Klasse wird durch einen Klebestern belohnt; für eine bestimmte Anzahl Sterne erfolgt durch die Klassenlehrerin eine Belohnung (Spiel, Hausaufgabenerlass, ...).

Das Verhältnis zwischen Lehrer und Klasse ist positiv und zugewandt. Nicht zuletzt durch die Begleitung einer Klassenfahrt im September wurde ein vertrauensvolles Verhältnis aufgebaut.

In der Lerngruppe treten selten soziale Konflikte auf, diese lassen sich in der Regel durch ein kurzes Gespräch schnell lösen. XXXX fällt besonders in Phasen der Gruppen- und Partnerarbeit (vgl. 4) durch eine schnelle Frustration bei sozialen Konflikten auf. Er zeigt dann häufig Wutreaktionen und Rückzugstendenzen. In der Regel kann er nach einigen Minuten der Beruhigung wieder an der Gruppenarbeit teilnehmen, in Extremfällen gestatte ich ihm auch ein Weiterarbeiten in Einzelarbeit.

Bei XXXX wurde eine Medikation wegen Aufmerksamkeitsdefiziten vor ca. drei Wochen eingestellt. Ihm wird für eine Übergangsphase ein höheres Maß an motorischer Unruhe zugebilligt.

Ein Mädchen der Lerngruppe war wegen einer Missbrauchssituation in therapeutischer Behandlung, sie fällt häufig durch starke Aufmerksamkeitsprobleme und gesteigerte motorische Unruhe auf. In der Regel ist sie aber motiviert am Unterrichtsgeschehen beteiligt. Bei ihr werden Sanktionen wegen störenden Verhaltens weniger streng angewandt.

Die Grundeinstellung zum Fach Mathematik ist bei den meisten Schülerinnen und Schülern positiv. Im Laufe des letzten Jahres hat sich zunehmend die Bereitschaft, an problemlösenden Fragestellungen aktiv mitzuwirken, entwickelt.

1.2. Lernverhalten und Leistungsvermögen

Trotz einer allgemein sehr hohen Lernbereitschaft sind die Leistungen im Fach Mathematik in der Lerngruppe sehr heterogen. Einige Schülerinnen und Schüler (XXXX) zeichnen sich durch eine schnelle Auffassungsgabe aus, sie verfügen über eine große fachliche Sicherheit in fast allen Inhaltsbereichen und können Problemstellungen eigenständig und zügig bearbeiten. Unterstützung brauchen sie häufig noch beim Verbalisieren ihrer Ergebnisse.

Bei vielen Schülerinnen und Schülern (z.B. XXXX) ist eine große Bereitschaft und befriedigende bis gute Leistung in der Bearbeitung von schriftlichen Aufgaben vorhanden. XXXX brauchen häufig Hilfe bei der Erfassung von Arbeitsaufträgen und individuelle Unterstützung bei komplexen Anforderungen. Für sie werden häufig differenzierte Übungsangebote bereitgestellt (vgl. 3.5). XXXX

3

ist wegen einer diagnostizierten Rechenschwäche in lerntherapeutischer Behandlung, darüber hinaus ist sie wegen Aufmerksamkeitsdefiziten medikamentiert.

1.3. Fachspezifische Lernausgangslage

Mit den Schülerinnen und Schülern wurde in den vorhergehenden Stunden zunächst ein direkter Flächenvergleich durchgeführt. Eine Zerlegung von Flächen wurde dabei noch nicht vorgenommen.

Über die Parkettierung von Flächen mit Quadraten, Dreiecken und L-förmigen Figuren wurde ein quantitativer Flächenvergleich erarbeitet. Die klasseninterne Maßeinheit 1 Q wurde eingeführt und die Flächeninhaltsbestimmung an Rechtecken und L-förmigen Figuren geübt.

Bruchzahlen sind den Schülerinnen und Schülern aus dem Umgang mit den Größenbereichen Gewicht und Volumen bekannt (11 ¾ kg =...), Rechenoperationen damit wurden jedoch nicht ausgeführt. Aus diesem Grund sollen in der Unterrichtsstunde nur Flächen mit ganzzahlig bestimmbaren Flächeninhalten betrachtet werden.

2. Zur Sachstruktur des Lerngegenstandes

Flächeninhalte von Polygonen werden „als relle Maßfunktion" (Krauter 2005, S. 103) innerhalb einer Ebene definiert: In der Menge R^2 aller Punkte der rellen Ebene wird eine Funktion F definiert, „die jedem Polygon einen reellen Zahlenwert zuweist" (ebd, S. 103). Dabei müssen folgende Kriterien erfüllt sein:

- *Nichtnegativität*: Für jedes Polygon A gilt $F(A) \geq 0$
- *Verträglichkeit mit der Kongruenz*: Für alle Polygone A,B gilt: wenn A kongruent zu B ist, dann ist F(A)= F(B)
- *Additivität*: Für alle Polygone A,B gilt: Wenn A und B keine inneren Punkte gemeinsam *haben, dann soll gelten: $F(A \cup B) = F(A) + F(B)$*
- *Normierung*: Für das Einheitsquadrat E soll gelten. F(E) = 1   (ebd., S. 103)

Zwei Flächen haben dann denselben Flächeninhalt, wenn sie

- *deckungsgleich* (d.h. sie können so übereinandergelegt werden, dass sie sich gegenseitig genau abdecken),
- *zerlegungsgleich* (d.h. jede der Flächen kann in die selben Teilfiguren zerlegt oder als Umkehrung dazu aus den selben Teilfiguren zusammengesetzt werden)
- oder *auslegungsgleich* (d.h. jede der Figuren kann lückenlos und ohne Überlappung mit der gleichen Anzahl von Einheitsflächen ausgelegt werden) sind.   (vgl. Franke 2007, S. 268)

Der Flächeninhalt von Rechtecken mit ganzzahligen Seitenlängen lässt sich aus den Prinzipien der Additivität und der Normierung (s.o.) herleiten: „Ist x die Länge des Rechtecks, so passen x Quadrate in eine Reihe und ist y die Breite des Rechtecks, so passen y dieser Reihen auf die Rechtecksfläche. Man erhält daher F(Rechteck)= x • y" (Krauter 2005, S. 105).

Zur Bestimmung des Flächeninhalts zusammengesetzter Figuren – hier verstanden als Figuren, die in die Teilfiguren Rechteck und Dreieck zerlegbar sind – kann die Strategie des Zerlegens und Ergänzens angewendet werden. Der Flächeninhalt kann nach dem Prinzip der Additivität (s.o) über eine Zerlegung und die Berechnung der Teilflächen geschehen, wenn dafür Formeln zur Verfügung stehen. Die zerlegten Figuren können jedoch auch so wieder zusammengefügt werden, so dass entweder ein direkter Vergleich möglich ist oder ein indirekter Vergleich über eine Einheitsgröße möglich wird (vgl. Radatz et al. 1999, S. 153).

Die Strategie des Zerlegens und Ergänzens gewinnt ihre besondere Bedeutsamkeit aus Anwendungen bei Beweisverfahren: Die Formel für den Flächeninhalt für ein Parallelogramm beispielsweise wird in der Regel durch die Zerlegung und Ergänzung zu einem flächengleichen Rechteck hergeleitet (Abb. Deissler 2005, S. 8):

Die Formel für den Flächeninhalt eines Dreiecks wird oft auf die Ergänzung zu einem Parallelogramm zurückgeführt (vgl. z.B. Krauter 2005, S. 106). Auch für Sätze aus der Satzgruppe des Pythagoras gibt es Zerlegungsbeweise (Abb. Deissler 2005, S. 12):

3. Zu den Ziel- / Inhaltsentscheidungen

3.1 Themenwahl

„Vom Mathematikunterricht der weiterführenden Schulen ist bekannt, dass Kinder Schwierigkeiten mit der Flächenberechnung haben, da das Vorwissen zum Flächeninhalt nicht genug gesichert wurde. In den höheren Klassen werden häufig Flächen komplexerer Figuren behandelt, bei deren Berechnung es notwendig ist, dass diese Flächen in Teilfiguren zerlegt werden bzw. eine Vergleichsgröße gewählt wird, deren Flächeninhalte leicht zu berechnen sind" (Radatz et al. 1999, S. 152f).

Das niedersächsische „Kerncurriculum für die Grundschule Mathematik" formuliert als erwartete Kompetenz am Ende des Schuljahrganges 4 für den inhaltsbezogenen Kompetenzbereich „Raum und Form" das Ermitteln und Vergleichen von Flächeninhalten durch Zerlegen und durch Auslegen mit Einheitsflächen (vgl. Niedersächsisches Kultusministerium 2006, S. 27). Ein quantitativer Vergleich von Flächen findet demnach nicht auf der Grundlage von Formeln sondern durch das Auslegen mit Flächen einer Einheitsgröße statt (vgl. auch Franke 2007, S. 267). Der schuleigene Arbeitsplan der Grundschule Fleestedt ordnet diese Inhalte dem 4. Schuljahr zu (Grundschule Fleestedt 2007). Aufgaben zu dieser Thematik werden durch das verwendete Schulbuch ´Welt der Zahl´ als Flächeninhaltsbestimmungen von Gartengrundstücken vorgeschlagen (vgl. Rinkens & Höhnisch 1999, S. 62f). Dabei sind die Flächen aus Einheitsquadraten und diagonal halbierten Quadraten zusammengesetzt. Diese Auswahl von Flächen (die letztlich eine rein zählende Vorgehensweise bei der Flächeninhaltsbestimmung ermöglicht) findet sich in vielen Schulbüchern und Aufgabensammlungen (z.B. Kunert 2003) wieder. Darüber hinaus gibt es Aufgabenstellungen, bei denen eine komplexe Zerlegungsstrategie angewendet werden muss (z.B. Keller 2002, Klunter & Raudies 2006, Radatz & Rickmeyer 1991, S. 74).

Die besondere Bedeutsamkeit der Strategie des Zerlegens und Ergänzens wurde in Abschnitt 2 begründet. Im Sinne des Spiralprinzips (vgl. Krauthausen & Scherer, S. 128; Wittmann 1997, S. 84) soll also das Prinzip der Zerlegung und Ergänzung von Flächen exemplarisch entwickelt und für einen quantitativen Flächenvergleich nutzbar gemacht werden.

Auch wenn Grundschüler in der Regel zunächst keine „mathematische Vorstellung vom Flächenbegriff oder dem Terminus ´Flächeninhalt´ haben" (Radatz et al. 1998, S. 141, vgl. auch Franke 2007, S. 267), so ist doch von spezifischen Vorerfahrungen mit der Größe von Flächen – z.B. bei der Feldgröße beim Fußballspielen oder dem Materialverbrauch beim Basteln - auszugehen. Die Zugänglichkeit der Thematik wird zusätzlich durch die für die Kinder bedeutsame Größe der Fläche von Kinderzimmern hergestellt. Die Operationen des Zerlegens und Zusammensetzens von Figuren sind einigen Kindern unter qualitativem Aspekt beispielsweise aus dem Tangram-Spiel bekannt, unter quantitativem Aspekt eventuell aus der gerechten Zerteilung von Kuchenstücken oder vom Basteln.

Der Zugang zur Zerlegung von Flächen soll dabei für die Schülerinnen und Schüler in einem aktiv-entdeckenden Prozess (vgl. Krauthausen & Scherer 2006, S. 103) in einer 'herausfordernden Situation' (Franke 2007, S. 20) erarbeitet werden. Damit wird die prozessbezogene Kompetenz des Problemlösens (vgl. Niedersächsisches Kultusministerium 2006, S. 18) gefördert. Um eine Lösung der Aufgaben insbesondere für leistungsschwächere Schülerinnen und Schüler zu ermöglichen, können die Operationen des Zerlegens und Ergänzens zunächst in einem enaktiven Modus (vgl. Krauthasen & Scherer 2006, S. 224) durch die Arbeit mit Papiermodellen und einer Schere durchgeführt werden. Zunehmend können Zeichnungen, Färbungen und Verbalisierungen zu einer Durchführung der Operationen in der Vorstellung führen.

3.2 Themenbezogene Zielsetzung

Die Schülerinnen und Schüler bestimmen in der Unterrichtsstunde den Flächeninhalt von zusammengesetzten Figuren. Dabei zerlegen sie die gegebenen Figuren handelnd im Modell, zeichnerisch oder in der Vorstellung in geeignete Teilfiguren und setzen diese so zusammen, dass eine Bestimmung der Anzahl von Einheitsquadraten möglich wird.

3.3 Didaktische Reduktion

In der Unterrichtsstunde werden im Sinne einer strukturellen didaktischen Reduktion nur Flächen untersucht, die aus Rechtecken und Dreiecken zusammengesetzt sind und sich durch einfache Zerlegungen in mit der Einheitsgröße 1 Q auslegbare Flächen überführen lassen.

3.4 Zentrale Aufgabenanalyse

Aufgabenstellung	notwendige inhaltliche Teilschritte	Anforderungsbereich lt. KC	mögliche inhaltliche Schwierigkeiten	konkrete inhaltliche / methodische Hilfestellungen
Die Schülerinnen und Schüler bestimmen den Flächeninhalt von zusammengesetzten Figuren.	Entwickeln einer Strategie zur Flächeninhaltsbestimmung	III	Die Idee der Zerlegung in Teilflächen wird nicht entwickelt.	Impulse in der Hinführungsphase: - Es stehen maßstabsgetreue Pappmodelle von Q zum Auslegen der Flächen bereit. - Die Papiermodelle der Zimmer haben auf der Rückseite ein Quadratgitter und können umgedreht werden. - Eine Schere weist als stummer Impuls auf die Zerlegungsstrategie hin. Ist dieser Impuls nicht ausreichend, wird ein verbaler Hinweis zum Zerlegen gegeben.
			Die Idee des Ergänzens wird nicht entwickelt.	Hilfefrage: Wenn ich dieses Dreieck von der Figur wegnehme, wird sie dann nicht *kleiner?* Was kann ich machen, damit die Fläche *gleich groß* bleibt?
	Zerlegen der Flächen in geeignete Teilflächen	II	Es werden keine geeigneten Zerlegungen gefunden.	Die Figuren auf den einfachen Karteikarten sind so gestaltet, dass sinnvolle Zerlegungen schnell erkannt werden können (Schlüssel-Schloss-Prinzip).
	Sinnvolles Ergänzen der Flächen	II	Es werden keine geeigneten Ergänzungen gefunden.	Die Figuren auf den einfachen Karteikarten sind so gestaltet, dass sinnvolle Ergänzungen schnell erkannt werden können (Schlüssel-Schloss-Prinzip).
			Die Operationen des Zerlegens und Ergänzens können nicht in der Vorstellung durchgeführt werden.	Einige SuS führen die Operationen an Papiermodellen durch. Die durch die Partnerarbeit notwendige Verbalisierung unterstützt den

			Prozess der Ablösung vom Modell.
Ermitteln des Flächeninhalts in der Einheit Q	I	Das Prinzip der multiplikativen Bestimmung von rechteckigen Teilflächen wurde nicht verstanden.	Das Prinzip wurde in vorherigen Stunden erarbeitet und wird in der Hinführungsphase wiederholt. Die Partner korrigieren gegenseitig. Eine unmittelbare Selbstkontrolle ist auf der Rückseite der Karteikarten möglich.
		Das Prinzip des Auszählens der Kästchen wurde nicht verstanden.	Auf den Karteikarten können gezählte Kästchen mit einem Folienstift mit einem Punkt markiert oder gefärbt werden.
		Das Kästchengitter ist bei den Papiermodellen nur auf einer Seite zu sehen, die Teile müssen aber beim Zusammenlegen u.U. umgedreht werden.	Dieses Phänomen tritt bereits in der Hinführungsphase auf und wird dort geklärt. Bei Bedarf zeichnen einzelne SuS die fehlenden Linien nach.

3.5 Differenzierung

Mit dem Ziel eines hohen Lernertrages und Erfolgserlebnissen bei allen Schülerinnen und Schülern sind die Aufgaben sehr stark durchdifferenziert:

Quantitative Differenzierung
Es stehen genügend Karteikarten zur Verfügung, so dass die einzelnen Partnergruppen ein angemessenes Lerntempo wählen können.

Qualitative Differenzierung:
Leistungsschwächere Schülerinnen und Schüler führen die Zerlegungen und Ergänzungen handelnd an Papiermodellen aus.

Leistungsstärkere Schülerinnen und Schüler führen die Operationen (zunehmend) durch Zeichnungen und in der Vorstellung aus.

Die Karteikarten sind in drei Schwierigkeitsstufen differenziert. Sie unterscheiden sich hinsichtlich der Komplexität der Figur, hinsichtlich der Überschaubarkeit geeigneter Zerlegungen und Ergänzungen und hinsichtlich der Anzahl der notwendigen Zerlegungen.

4. Unterrichtsprägende methodische Entscheidungen

Die Bilder der Sprache müssen durch eigenes Handeln zunächst einmal im Unterricht aufgebaut werden. Und hier liegt eine der Hauptaufgaben einer Geometrie in der Grundschule. (Winter, zit. nach Radatz & Rickmeyer 1991, S. 69)

Vier wesentliche Entscheidungen prägen den methodischen Aufbau der Stunde.

Eine problemlösende Phase soll während der Hinführung in einem *gelenkten Unterrichtsgespräch* stattfinden, bei dem Schülerinnen und Schüler eigenständig Ideen zu einer „herausfordernden Situation" (Franke 2007, S. 20) zur Bestimmung des Flächeninhalts von zusammengesetzten Figuren entwickeln und demonstrieren können. Das sonst von mir für problemlösende Thematiken bevorzugte Unterrichtskonzept der ´Mathekonferenz´ (vgl. Kurhofer 2005, Sundermann & Selter 2006), bei dem die Schülerinnen und Schüler das Problem zunächst in Kleingruppen bearbeiten und gemeinsam ihre Lösungen präsentieren, würde die Schülerinnen und Schüler wegen ihrer geringen Vorerfahrungen mit Flächeninhalten überfordern. Im gelenkten Unterrichtsgespräch können bei Schwierigkeiten gezielte Impulse (vgl. 3.4) gesetzt werden und wichtige Erkenntnisse hervorgehoben werden.

Die in der Hinführungsphase erarbeiteten Strategien sollen von den Schülerinnen und Schülern in der Erarbeitungsphase angewendet werden. Dabei soll ein *stark differenziertes Übungsangebot* mit Aufgaben unterschiedlichen Schwierigkeitsgrades (vgl. 3.5) den unterschiedlichen Lernvoraussetzungen (vgl. 1.2) gerecht werden und allen Schülerinnen und Schülern Erfolgserlebnisse ermöglichen. Den Schülerinnen und Schüler soll dabei über die erarbeiteten Strategien hinaus die Möglichkeit zu individuellen Lösungswegen gegeben werden.

Dazu stehen geeignete *Lernmaterialien* zur Verfügung. Bei der Auswahl geeigneter Lernmaterialien habe ich mich nach ursprünglicher Favorisierung gegen das für Problemstellungen dieser Art häufig vorgeschlagene Geobrett (z.B. Keller 2002, Klunter & Raudies 2006, Kunert 2003) entschieden. Der Grund ist, dass bei diesem Arbeitsmittel die zentralen Operationen der Stunde (Zerlegen und Ergänzen der Figuren) nicht in einem enaktiven Modus ausgeführt werden können. Unter diesem Aspekt ist die Arbeit mit Material, dass von den Schülerinnen und Schülern handelnd zerlegt und zusammengesetzt werden kann, sinnvoll. Die Wahl fällt auf das leicht vorzustrukturierende und handhabbare Papier. Zusätzlich stehen für die Arbeit auf laminierten Karteikarten Folienstifte bereit, die visuelle Strategien (z.B. Färben oder zeichnerisches Ergänzen) als Lösungsstrategien unterstützen.

Mit dem Ziel das zu den Aktivitäten der Schülerinnen und Schüler eine lernförderliche Verbalisierung stattfindet, fällt die Entscheidung für die Sozialform während der Erarbeitung auf die *Partnerarbeit*: „Das Bewusstwerden über das eigene Vorgehen, über fördernde und hemmende Faktoren und somit die innere Verarbeitung kann durch den Austausch der Kinder, durch Argumentieren und Verteidigen ihres Vorgehens, unterstützt werden. Deshalb sind für solche Problembearbeitungen Partner- oder Gruppenarbeit geeignete Organisationsformen" (Franke 2007, S. 22). Die Partnerarbeit gewährleistet gegenüber der Gruppenarbeit einen hohen Beteiligungsgrad aller Schülerinnen und Schüler.

5. Anhang

5.1 Literatur

5.2 Kommentierter Sitzplan

5.3 Texte zu dem Stehgreifspiel

5.4 Tafelbild / Visualisierung

5.5 Karteikarten

5.6 Verlaufsplan

5.1 Literatur

Rechtliche Vorgaben
Kultusministerkonferenz (KMK) (2004): Bildungsstandards im Fach Mathematik für den Primarbereich (Jahrgangsstufe 4).

Niedersächsisches Kultusministerium (2006): Kerncurriculum für die Grundschule. Schuljahrgänge 1-4. Mathematik. Hannover.

Grundschule Fleestedt: Schuleigener Arbeitsplan Mathematik. 2007.

Fachliteratur
Deissler, Rainer (2005): Vorlesung Einführung in die Geometrie. Der Flächeninhalt. URL: http://home.ph-freiburg.de/deisslerfr/geometrie/export_pdf_ss05/folien-kapitel_7_05-2s.pdf, 04.02.2008

Krauter, Siegfried (2005): Erlebnis Elementargeometrie. Ein Arbeitsbuch zum selbständigen und aktiven Entdecken. Heidelberg: Spektrum.

Fachdidaktische Literatur

Baum, Monika (2003): Mathematik in der Grundschule. Seelze: Kallmeyer.

Franke, Marianne (2007): Didaktik der Geometrie. Heidelberg: Spektrum.

Keller, Karl-Heinz (2002): Am Geobrett Geometrie entdecken. Ein Grundkurs in Geometrie. Offenburg: Mildenberger.

Krauthausen, Günther & Scherer, Petra (2006): Einführung in die Mathematikdidaktik. München: Spektrum.

Kurhofer, Dirk (2005): Mathekonferenzen. In: Grundschule Mathematik 4/2005, S. 39 – 41.

Klunter, Martina & Raudies, Monik (2006): Entdeckungen an geometrischen Objekten. In: Praxis Grundschule 3/2006, S. 21-25.

Radatz, Hendrik & Rickmeyer, Knut (1991): Handbuch für den Geometrieunterricht an Grundschulen. Hannover: Schroedel.

Kunert, Claudia (2003): Die Reise ins Geoland. In: Praxis Grundschule 1/2003.

Radatz, Hendrik; Schipper, Wilhelm; Dröge, Rothaut & Ebeling, Astrid (1999): Handbuch für den Mathematikunterricht, 3. Schuljahr. Hannover: Schroedel.

Sundermann, Beate & Selter, Christoph (2006): Pädagogische Leistungskultur: Materialien für Klasse 3 und 4. Frankfurt am Main: Grundschulverband.

Wittmann, Erich (1997): Grundfragen des Mathematikunterrichts. Braunschweig: Vieweg.

Schulbücher
Rinkens, Hans-Dieter & Höhnisch, Kurt (Hrsg.): Welt der Zahl. 4. Schuljahr. Hannover: Schroedel. 1999.

Rinkens, Hans-Dieter & Höhnisch, Kurt (Hrsg.): Welt der Zahl. Praxisbegleiter 4. Schuljahr. Hannover: Schroedel. 1999.

Aufräummusik
Robert Schumann: Kinderszenen – Glückes genug. DGG Records 1993

5.2 Kommentierter Sitzplan

Aus datenschutzrechtlichen Gründen entfernt.

5.3 Stehgreifspiel

Hinführung:

Lisa: Bart! Bart!
Schau mal!
Die neuen Entwürfe für unser neues Haus sind da!

Bart: Cool.
Der neue Architekt heißt Henry Hundertecken!
Da bin ich ja gespannt, was uns diesmal erwartet.

Lisa: Das hier ist der Grundriss von meinem Zimmer!
Der Architekt hat seinen Namen Hundertecken echt verdient!

Bart: Und das hier ist mein Zimmer! Cool!

Lisa: Ein Glück! Mein Zimmer ist viel größer als deins!

Bart: Blödsinn. Mein Zimmer ist größer. Das sieht man doch sofort!

Lisa: Du hast vielleicht die größere Klappe, aber mein Zimmer ist größer!

Bart: Quatsch mit Soße! Mein Zimmer ist das größte!

Lisa: Ich glaube, wir brauchen jemanden, der uns hilft …

Sicherung:

Lisa: Bart!
Diesmal sind unsere Zimmer endlich gleich groß!
Den Architekten behalten wir!

Bart: Jau, der ist cool.
Aber schau dir an, was er für ein krasses Wohnzimmer gestaltet hat!
Da ist eine riesige Säule in der Mitte!

Lisa: Das sieht stark aus, macht die Sache aber nicht einfacher.
Wie groß wohl das Zimmer ist?

5.4 Tafelbild

Hinführung:

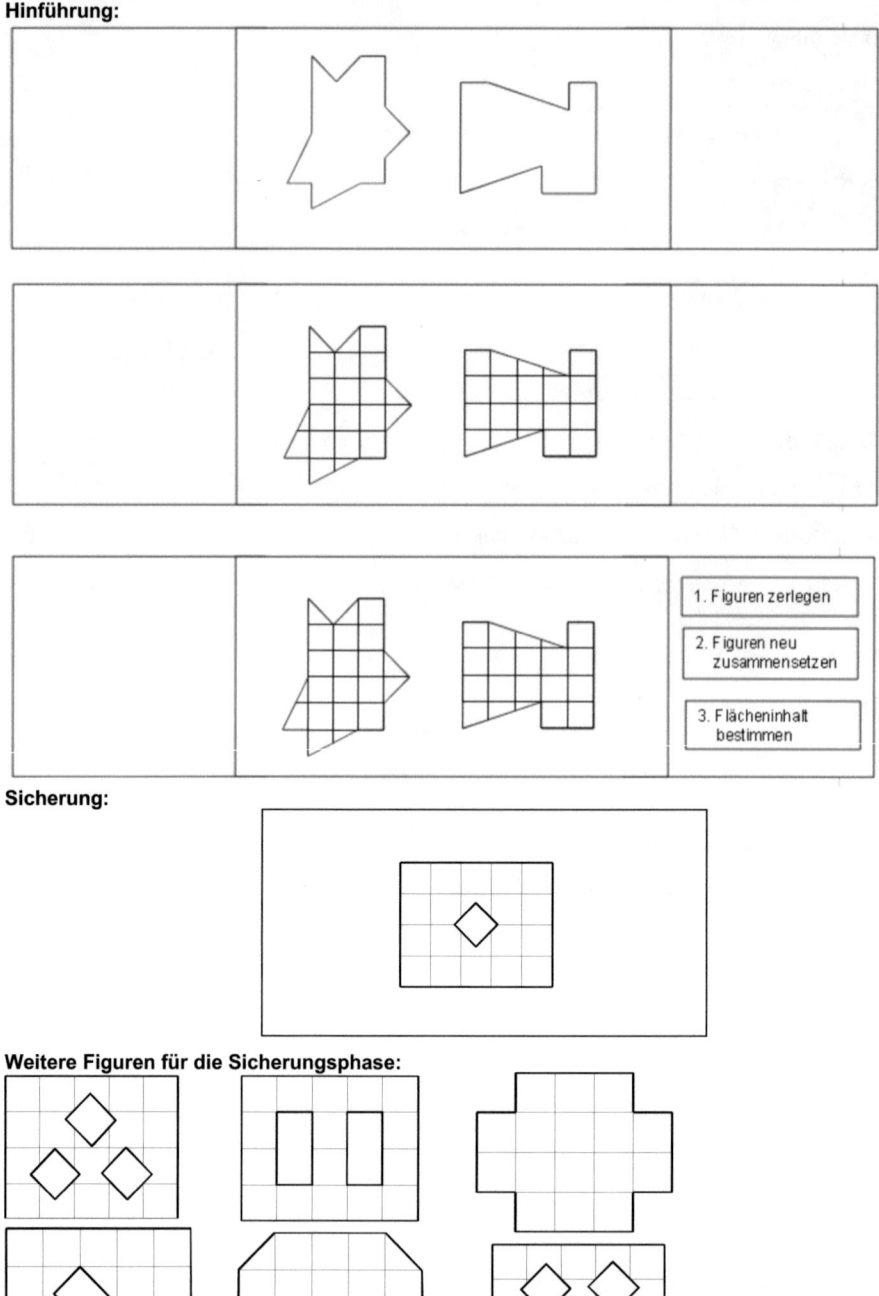

Sicherung:

Weitere Figuren für die Sicherungsphase:

16

5.5 Karteikarten für die Erarbeitungsphase

Welches Zimmer ist größer?

Schätze zunächst:

Barts Zimmer ist größer.   Beide Zimmer sind gleich groß.   Lisas Zimmer ist größer.

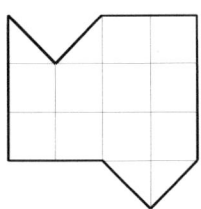

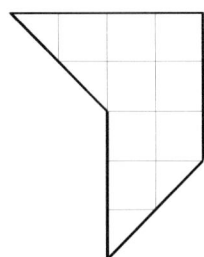

Nun bestimme den Flächeninhalt genau!

Barts Zimmer: _____ Q   **Lisas Zimmer: _____ Q**

Welches Zimmer ist größer?

Schätze zunächst:

Barts Zimmer ist größer.   Beide Zimmer sind gleich groß.   Lisas Zimmer ist größer.

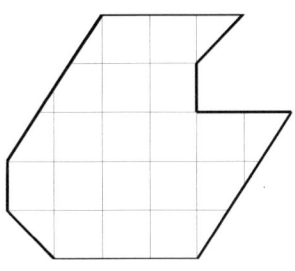

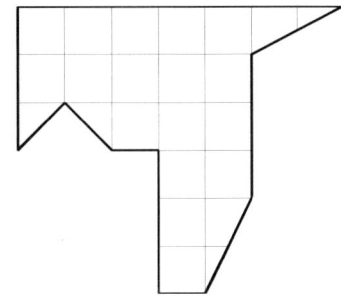

Nun bestimme den Flächeninhalt genau!

Barts Zimmer: _____ Q   **Lisas Zimmer: _____ Q**

Welches Zimmer ist größer?

Schätze zunächst:

Barts Zimmer ist größer.   Beide Zimmer sind gleich groß.   Lisas Zimmer ist größer.

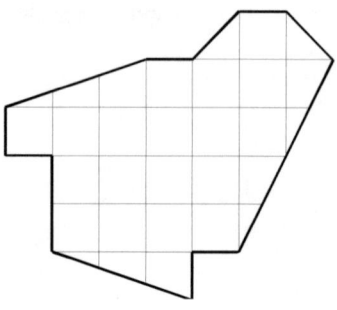
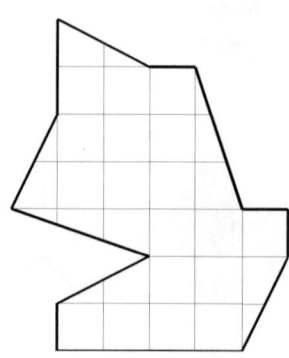

Nun bestimme den Flächeninhalt genau!

Barts Zimmer: _____ Q   Lisas Zimmer: _____ Q

Zu den drei verschiedenen Leistungsniveaus stehen jeweils mehrere verschiedene Karten zur Verfügung. Hier kann nur jeweils eine exemplarisch dargestellt werden.

Die Karteikarten sind einlaminiert, so dass mit einem Folienstift Färbungen und Zeichnungen vorgenommen werden können. Auf den Rückseiten der Karteikarten sind Taschen angebracht, denen die Grundrisse der Zimmer als Papiermodell entnommen werden können. Die Lösungen sind auf den Rückseiten der Karten notiert und mit Gewebeklebeband überklebt. Die Schülerinnen und Schüler kontrollieren nach Bearbeitung der Aufgabe ihre Lösungen selbst. Abschließend reinigen sie ihre Karteikarte mit einem Lappen.

5.6 Verlaufsplan

Zeit	Unterrichtsphase	TLZ	Geplantes Unterrichtsgeschehen	Arbeits- und Organisationsformen	Medien
9.05 Uhr – 9.20 Uhr	**Hinführung**		- Begrüßung; LA stellt Stundenthema und organisatorischen Ablauf vor.	*Gewohnte Sitzordnung*	
			- kurzes Stehgreifspiel (s. 5.3): Zwei SuS lesen Texte zu einer Streitsituation vor: Welches Kinderzimmer ist größer?	informierender Einstieg	Texte
			- Zwei Grundrisse von Kinderzimmern (s. 5.7) werden als Papiermodelle an der Tafel präsentiert.		Papiermodelle
		1	- Die SuS schätzen, welches Zimmer größer ist; Abstimmung	Stehgreifspiel	
			- Die Notwendigkeit einer genauen quantitativen Bestimmung wird erarbeitet.		
			- Die als klasseninterne Norm entwickelte Einheit Q wird als Maßeinheit benannt.	gelenktes Unterrichtsgespräch	Modelle der Fläche 1Q
			- Die Bestimmung des Flächeninhalts der dreieckigen Teilflächen wird problematisiert.		
		2	- Die SuS entwickeln eine Strategie zur Bestimmung des Flächeninhalts. (Impulse durch LA s. Aufgabenanalyse 3.4)		Schere
			- Eine möglich Strategie wird über Wortkarten (vgl. 5.4) visualisiert.		Wortkarten
9.20 Uhr – 9.40 Uhr	**Erarbeitung**		- Die SuS bearbeiten Aufgaben zur Flächeninhaltsbestimmung in Partnerarbeit auf Karteikarten.	*Gewohnte Sitzordnung*	Karteikarten
		3,4, 5	- Sie kontrollieren ihre Ergebnisse auf den Rückseiten der Karteikarten selbst. LA gibt individuelle Hilfestellung.	Partnerarbeit	Papiermodelle Scheren
			- Differenzierung: Karteikarten stehen in unterschiedlichen Schwierigkeitsgraden zur Verfügung (vgl. 3.5).		Folienstifte Lappen

			Die SuS bearbeiten die Aufgaben in unterschiedlichen Repräsentationsmodi.		
9.40 Uhr - 9.50 Uhr	**Sicherung**		- Aufräummusik beendet die Erarbeitungsphase.		CD, CD-Player
			-Bei Bedarf werden in der Erarbeitungsphase aufgetretenen Probleme aufgegriffen und geklärt.	Gewohnte Sitzordnung	
		6	- kurzes Stehgreifspiel: Zimmer mit Säulen (s. 5.3)		Papiermodelle
			- Flächeninhalte zu Zimmergrundrissen mit „Säulen" (s.5.4) werden über eine subtraktive Strategie bestimmt.	gelenktes Unterrichtsgespräch	AB
			H.A.: Arbeitsblatt zur Flächeninhaltsbestimmung		
			Didaktische Reserve: Es stehen genügend Grundrisse zur Flächeninhaltsbestimmung zur Verfügung